BOW&MEOW

我的甜点会卖萌

吴亭臻　著

国家一级出版社　中国纺织出版社有限公司　全国百佳图书出版单位

目 录

作者序　　　　　　　　　　　　　　　　　　　　008

第 1 章 疗愈系的汪喵星人点心写真　　　　　010

第 2 章 低糖、免模具就能完成Kokoma风格　038

使用材料 …………………………………………… 040

辅助工具 …………………………………………… 044

用巧克力画出疗愈的点心表情 ……………… 045

奶酪杯

制作基础 …………………………………………… 047

　　鲜奶酪 ………………………………………… 048

制作方法

　　①抹茶脚印 …………………………………… 049

　　②黑糖狗狗 …………………………………… 052

　　③鲜奶草莓猫猫 …………………………… 054

日式煮团子

制作基础 …………………………………………… 059

　　煮团子 ………………………………………… 060

　　黑糖蜜 ………………………………………… 062

　　日式甜酱油 ………………………………… 063

制作方法

　　①花猫团子 …………………………………… 064

　　②花狗团子 …………………………………… 066

　　③牛头梗团子 ……………………………… 068

④红豆被被猫咪团子 ………………………………………… 070

⑤猫猫红豆汤团 ……………………………………………… 072

⑥迷你猫掌甜汤 ……………………………………………… 074

⑦黄豆黑糖蜜柴犬 …………………………………………… 076

烧果子

制作基础 ……………………………………………………… 081

　烧果子外皮 ………………………………………………… 082

　内馅 ………………………………………………………… 084

制作方法

●①小耳猫 ……………………………………………………… 086

　②圆圆法斗 ………………………………………………… 088

　③三小福 …………………………………………………… 090

　④栗子与狗 ………………………………………………… 092

　⑤趴趴猫 …………………………………………………… 094

　⑥圆尾巴科基 ……………………………………………… 096

　⑦招财猫 …………………………………………………… 098

　⑧抱面包猫咪 ……………………………………………… 100

大福

制作基础 ……………………………………………………… 103

　外皮+填馅 ………………………………………………… 104

制作方法

●①垂耳狗&小白猫 …………………………………………… 106

　②小球猫 …………………………………………………… 108

　③饭团卷狗狗 ……………………………………………… 110

　④大胖狗 …………………………………………………… 112

　⑤抱草莓白狗 ……………………………………………… 114

　⑥圣诞帽帽狗 ……………………………………………… 116

夹心小蛋糕

制作基础 ···································· 119

    小蛋糕体 ···································· 120

    画上表情 ···································· 123

    鲜奶油内馅 ···································· 124

    调色用红糖液 ···································· 127

制作方法

    ①猫猫狗狗脸 ···································· 128

    ②秋田犬 ···································· 130

    ③犬御守 ···································· 132

    ④花猫咪 ···································· 134

    ⑤哈巴狗 ···································· 136

    ⑥科基屁屁 ···································· 138

    ⑦粉红肉球 ···································· 141

    ⑧小骨头 ···································· 144

生乳酪蛋糕

制作基础 ···································· 147

    蛋糕体 ···································· 148

    碎饼干底 ···································· 151

    乳酪糊调色 ···································· 154

制作方法

    ①小白猫 ···································· 156

    ②抹茶狗狗 ···································· 159

    ③大头狗狗 ···································· 162

    ④哈士奇狗狗 ···································· 165

小面包

制作基础 ·· 171

    小面包 ··· 172

制作方法

● ①紫薯狗餐包 ·································· 176

    ②猫汉堡 ····································· 178

    ③比萨狗 ····································· 180

    ④手拉手面包 ································· 182

    ⑤法国面包猫 ································· 184

    ⑥麦穗面包 ··································· 186

与毛小孩&小小孩的点心时光 ·························· 188

给毛小孩与小小孩的无糖无面粉蛋糕 ·············· 189

Q 该使用什么样的模具呢 ····················· 190

Q 烤焙温度和一般蛋糕有不同吗 ··············· 190

简单更换食材！与毛小孩、小小孩共享的概念 ······ 193

制作方法

● ①芝麻纯米蛋糕 ······························ 196

    ②微甜地瓜蛋糕 ······························ 200

    ③南瓜燕麦蛋糕 ······························ 204

Kokoma的工作小花絮 ····························· 208

结束语 ··· 217

作者序

生活中长年有猫猫狗狗陪伴的我，真的非常喜欢这个主题，此时我写着作者序，旁边睡了四个小毛狗，一个在梦中小跑步，一个打呼好大声，还有两个睡到翻着可爱肚肚，一整本书不管是在做食物、拍照还是敲打稿子，四个"监工"全程参与，从没有缺席呢。

将食物做成呆萌猫狗的样子，搭配修改得尽量简单、不需要模具的配方，是希望喜欢烘焙，但没有太多时间的朋友也能一起参与生活中制作甜点的乐趣。一整本书的配方没有使用任何色素，全部都是天然的食材，也全部减糖甚至不加糖，让制作这些点心的人，用更简单健康的方式分享美味，不管是特别的日子，还是一个舒服的午后，有这些小同伴就是最好的时光，总是单纯又开心！

如果你也刚好喜欢猫猫狗狗，或者有朋友喜欢，一起来尝试制作这些点心吧，为每个日子增添更加可爱的气氛。

吴亭臻

第 1 章

疗愈系的汪喵星人点心写真

把甜点的造型都变成猫咪、狗狗的样子吧！找一个悠闲的午后，卷起袖子动动手，画上眼睛、添上耳朵，让盘子里出现憨憨的小脸~

制作方法:p49 ～ 57

制作方法:p54

制作方法：p64 ~ 69

制作方法：p74

制作方法：p72

制作方法：p70

制作方法：p76

第 1 章 ● 疗愈系的汪喵星人点心写真

制作方法：p86

制作方法：p92

制作方法：p94

制作方法：p96

制作方法：p90

制作方法：p88

第
1
章
●
疗
愈
系
的
汪
喵
星
人
点
心
写
真

制作方法：p98

制作方法：p100

制作方法：p112

制作方法：p116

制作方法：p106

制作方法：p114

制作方法：p110

制作方法：p108

第1章 ● 疗愈系的汪喵星人点心写真

制作方法：p132

制作方法：p128

制作方法：p134

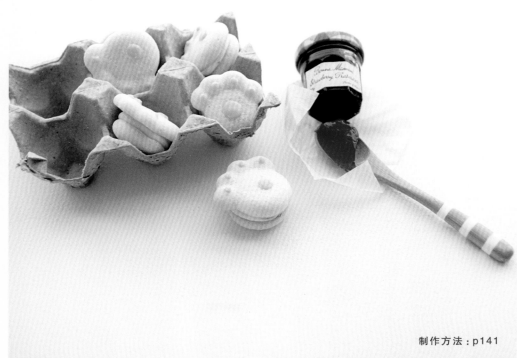

制作方法：p141

制作方法：p138

制作方法：p136

制作方法：p130

制作方法：p156

制作方法：p159

制作方法：p162

制作方法：p165

制作方法：p176

制作方法：p180

制作方法：p184

制作方法：p186

制作方法：p178

制作方法：p182

制作方法：p196

制作方法：p204

第 2 章

低糖、免模具就能完成
Kokoma 风格

许多甜点都必须使用模型来制作，但随心
的手工造型，往往会带来更细致的手感并
且使甜点具有温度，成为温暖人心的样
貌。试着放手去做，没有好与不好，只
有开心与否以及更好的手工体验！

第 2 章 ● 低糖、免模具就能完成 Kokoma 风格

使用材料

01 低筋面粉

常用于制作甜点的粉类，
易结团，需过筛使用。

02 无铝泡打粉

泡打粉选择不含铝的更安心。

03 水磨糯米粉

细致的粉料可以用来取代
日本白玉粉。

上	01	02	03	04	05
中	06	07	08	09	10
下	11	12	13	14	15

04 细砂糖/糖粉

选择尽量细小的颗粒，较利于溶解，本书皆使用细糖粉。

05 片栗粉

也称为日本太白粉或马铃薯淀粉，可直接食用。

06 芝麻粒

用于装饰点心表面的方便材料，也可用奇亚籽代替。

07 熟芝麻粉

香气十足，可添加到各种类别的点心中，夏季时请尽量冷藏存放。

08 无糖可可粉

调色调味都很方便，但是加入蛋糕类点心时，容易消泡，请制作者注意。

09 高筋面粉

揉出面包筋度需要的粉料，各品牌高筋面粉的吸水率略有不同。

10 速发酵母粉

开封久了，酵母会失去活力，请密封存放、冰箱冷藏并尽快使用完。

11 细盐

普通食盐，添加在面包中可抑制酵母活动。

12 抹茶粉

无糖纯抹茶粉，天然抹茶等级与翠绿程度成正比。

13 黑糖颗粒

风味醇厚的糖类，与日式点心非常搭配。

14 竹炭粉

食用等级竹炭粉，购买粉末越细的，越容易调色。

15 燕麦片

选择无需煮熟的种类，本书中使用即食类燕麦片。

16 鸡蛋

书中使用中型洗选蛋，连壳秤重55～60g。

17 炼乳

书中用于制作烧果子，也可以淋在面包上用于调味。

18 草莓

新鲜草莓需要洗净，用厨房纸巾擦干水分后再使用。

19 巧克力

各种口味的巧克力，隔水加热到50°C会融化且可以达到滑顺的程度。

20 红豆沙

市售红豆沙，有颗粒状和沙状两种可供选用，当然也可自制。

21 白豆沙

市售白豆沙，由白凤豆制成，并非月饼用的油豆沙。

上	16	17	18	19	20
中上	21	22	23	24	25
中下	26	27	28	29	30
下	31	32	33	34	35

22 无盐奶油

使用前需要在室温下回软，达到手指可按出凹痕的程度。

23 鲜奶

本书使用全脂鲜奶，如需加热，请用小火以避免焦底及溢出。

24 紫薯

水煮或蒸熟后放凉，用叉子压成泥就可以使用。但因为有天然花青素，遇酸碱会转变颜色。

25 红薯

同紫薯用法。

26 嫩豆腐

打开包装后，请沥干水分后使用，避免制作糯米团时过度湿黏。

27 无糖鲜奶油

书中使用无糖天然鲜奶油，并非植物性氢化奶油。

28 草莓酱

用来调味的方便材料，可以的话，请选择风味较酸的种类。

29 柚子酱

同草莓酱用法，柚子果肉有时太大块，可以稍微剪小一些。

30 吉利丁片

单片约2.5g重，需以冰水泡软后挤掉水分使用。

31 奶油乳酪

发酵类乳制品，带有浓郁又清爽的双重特质。

32 黑糖蜜

可以用于搭配任何甜点，是取代精制糖浆的好选择。

33 南瓜泥

同地瓜使用方法，南瓜洗净后带皮一起蒸或煮更健康。

34 蜂蜜

天然的保湿剂，也用于联结不同材料，或增加自然甜味。

35 葵花油

液态油脂，也可选其他清爽的植物油替换使用。

第 2 章 ● 低糖、免模具就能完成 Kokoma 风格

TOOL
辅助工具

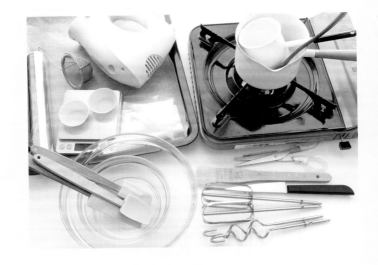

○ 1 大大小小搅拌用的碗

○ 2 加热用的瓦斯炉

○ 3 煮酱料的锅

○ 4 搅拌用的刮刀／汤匙

○ 5 电动搅拌机或
"强壮手臂"

○ 6 切分材料的刀

○ 7 剪刀、牙签等
简易工具

○ 8 覆盖材料以防止
变干的保鲜膜

○ 9 可以烤，也可以煮的
烘焙纸

○ 10 计量材料的小磅秤

○ 11 小小的分装杯子
或容器

○ 12 裱花袋

○ 13 过筛粉类用的筛网

○ 14 可以涂蛋液和
拍粉的毛刷

MEMO

1　本书只使用基本的简单器具，也没有一定需购买的模具。

2　如果没有电动搅拌机，可以用手动的取代。

3　家庭式小烤箱适用于书中点心类别，如果火力太强，可以调低
温度，或是用锡箔纸覆盖，避免过度上色。

用巧克力画出疗愈的
点心表情

想让简单的甜点变可爱，就要为它加上萌萌的表情！巧克力是方便又容易使用的材料，只要温和地将它融化，就可以随心所欲地用来画画了。现在开始，放松心情，像个开心的孩子一样画图吧！

隔水加热巧克力

小锅煮水至50～60℃，放入已加入巧克力的小碗，即可慢慢融化巧克力。

马克杯加热巧克力

杯子内装50～60℃热水，放入包好的巧克力，浸泡3～5min看看是否完全融化，如果没有，可以再换一次水。

滑嫩清爽
奶酪杯

制作基础

鲜奶酪的口感可以通过调整鲜奶与鲜奶油的比例来决定，如果喜欢浓郁滑润的口感，可提高鲜奶油的比例；喜欢质地清爽的，就提高鲜奶的比例，只要液体的总量不变，都能使用这个配方来完成哟。

另外，甜度也可以增加，因为这本书里面的配方都是低糖的，对喜欢甜的人来说可能不够有味道，自行增加糖的份量是没问题的。

书里面使用的鲜奶油都是无糖的天然鲜奶油，也就是动物性鲜奶油，提取自鲜奶，味道颜色为自然乳脂原有的。植物性鲜奶油又称为人造鲜奶油，以氢化方式制成，色泽风味主要来自食用色素与香料，与书中使用的鲜奶油不同。

[**材料**] 份量：约50g／布丁瓶（容量约80g）

鲜奶…250g

无糖鲜奶油…250g

细糖粉…20g

吉利丁片…3片

TIPS

将鲜奶酪液倒进瓶子之前，用冰水进行隔水降温至浓稠，这一步很重要，如果液体不够浓稠，用巧克力画的动物表情可能会在鲜奶油中渐渐晕开，但是降温后，会很快凝固住，就能避免出现这样的状况。

会让巧克力晕开的原因还有另一个，就是巧克力本身加热过度而产生油水分离，因此只需加热到50℃左右就好，慢慢隔着温水加热会比开大火更能让巧克力稳定融化，而且口感细腻。

鲜奶酪

[做法]

1　将吉利丁片泡冰水，备用。

2　准备小锅，倒入鲜奶和细糖粉，搅拌，以小火煮到60～70℃。

3　将泡软的吉利丁片挤掉水分，放入锅中搅散。

4　离火，加入鲜奶油。

5　将奶酪液搅拌均匀。

6　隔着冰水，将奶酪液拌至浓稠后就可以分装到布丁瓶中。

制作方法

1

抹茶脚印

第 2 章 ● 低糖、免模具就能完成 Kokoma 风格

[做法]

1 准备牙签和已隔温水融化
   的巧克力。

2 用牙签蘸取巧克力在布丁瓶
   内画一个圆。

3 另外点出三个小点。

4 瓶子翻回正面，就成为迷
   你脚印。

5 依自己喜好，可以多画几个。

6 在奶酪液中加入一点抹
   茶粉。

7　用小筛网调开至均匀。

8　成为抹茶奶酪液。

9　隔着冰水搅拌至变浓。

10　将抹茶奶酪液倒入画好的瓶子，冷藏至凝固。

自制可调浓淡的抹茶淋酱

自制淋在奶酪上的淋酱很简单，可尝试不同的抹茶粉品牌，浓稠度则依各人喜好微调，用小火煮的时间越久就越浓稠，甜度也可以自己调整喔。

[做法]

1　把材料A混合并搅拌至均匀，备用。

2　准备小锅，以小火煮材料B，煮到像炼乳的浓度后加入材料A，搅拌均匀，美味的抹茶淋酱就完成了。

[材料]

A　抹茶粉…10g
　 温鲜奶…50g

B　无糖鲜奶油…100g
　 鲜奶…100g
　 细砂糖…30g

2

黑糖狗狗

[**做法**]

1　准备已融化的巧克力，用牙签蘸取巧克力画一个水滴形当耳朵。

2　画上狗狗的表情。

3　画上另一只耳朵，瓶子翻回正面成为狗狗脸。

4　在奶酪液中加一些黑糖蜜（黑糖蜜做法请参照62页）。

5　仔细搅拌均匀，成为黑糖奶酪液。

6　隔着冰水搅拌至变浓。

7　将黑糖奶酪液倒入画好的瓶子，冷藏至凝固。

MEMO

奶酪上面可以加入一些蒸熟的地瓜丁，和黑糖很搭呢！

3

猫 鲜
猫 奶
草
莓

[**做法**]

1　用牙签蘸取巧克力，在布丁瓶内画上猫猫
　　表情。

2　瓶子翻回正面，成为猫猫脸。

3　隔着冰水，搅拌奶酪液至变浓。

4　将奶酪液倒入画好的瓶子，冷藏至凝固。

自制好味道的草莓淋酱

想为白色的鲜奶猫猫加点颜色，可用季节草莓做淋酱，酱汁质地不需要太浓稠。当然也能做成草莓果酱，只要用小火续煮继续浓缩，划开酱时能看到锅底时的浓度就可以了。

[**材料**]

草莓…200g

细砂糖…30g

柠檬汁…1大匙

1　准备小锅，小火加热，倒入细砂糖与柠檬汁。

2　搅拌均匀至砂糖完全化开。

3　放入切小块的草莓。

4　以小火煮开。

5 煮制过程中，需捞去浮沫。

6 煮到整体变得微微浓稠。

7 将锅离火。

8 趁热将草莓酱装入干净无水分的玻璃瓶。

9 盖上瓶盖倒放。

10 完成后放冰箱冷藏，请于1个月内食用完毕喔。

第 2 章 ● 低糖、免模具就能完成 Kokoma 风格

日式煮团子

白嫩软弹

制作基础

日式团子口感类似我们的汤圆，一般使用白玉粉制作，若白玉粉不易购得，也可以使用水磨糯米粉取代。另外，也能加嫩豆腐让口感细嫩，而且制作时不需要加水，豆腐还能让糯米点心变得比较好消化。

不同品牌的嫩豆腐含水量略有差异，皆请沥干水分后再使用。若拌合之后觉得偏干，可再加入嫩豆腐；相反的，就加入少量糯米粉调整。

本书里的所有甜点都是以低糖为前提制作，所以团子本身没有加入糖，只靠蘸料来调味。如果不想制作蘸料，可以在糯米粉与嫩豆腐里面加些糖揉匀，做好之后串起来就可以直接吃了。

[材料]

水磨糯米粉…100g
嫩豆腐…140g

喜欢吃软糯口感的话，团子煮至浮起后稍等一下再捞出；喜欢软弹口感的话，浮起后马上捞出泡入冰块水中，就能让团子冰缩喔。

这个章节的团子大多是一个10g的份量，大家也可以做得更大或更小，水煮后只要等浮起就可捞出了；如果大小不一，把浮起的先捞出，就可以了呦。

另外有个小技巧，黏合"零件"时，如果团子表面干了，"零件"就会掉下来，这时蘸一些水就可以黏合了。

煮团子

[做法]

1　将两个材料加在一起，把豆腐切碎。

2　用刮刀持续按压，直到变成均匀的团状。

3　用手摸摸看，如果黏手的话，可以加一点粉。

4　取需要的份量，放在小张烘焙纸上，将生团搓成有一点点长的圆形。

5　再取一点生团，做两个三角形当耳朵并黏上。

6　备一锅水煮沸，水沸了就放入团子开始煮。

7 　让锅中的水维持中度沸腾。

8 　去除烘焙纸。

9 　等团子浮上水面，就可以
　　捞出。

10 　放入冷水中，等团子降温，以免沾黏。

黑糖蜜

[材料]

黑糖…50g

水…25g

蜂蜜…10g

[做法]

3　待凉后就可以使用了。

1　准备小锅，倒入所有材料。

2　以小火搅拌到黑糖融化就
　　关火。

MEMO

由于糖浆类很容易煮沸，只要开小火慢慢煮就好，一次也不要煮太
多，以免糖浆溢出锅外。

日式甜酱油

[材料]

日式酱油…50g

细砂糖…30g

片栗粉…10g

水…150g

[做法]

1　准备小锅，倒入所有材料。

2　以小火开始煮，持续搅拌以
　　避免结块。

3　煮至呈现浓稠状就完成了。

MEMO

1　煮甜酱油时，要时时关注火候，因为很容易煮焦，请务必注意。

2　甜酱油温热时最容易涂刷、较好操作，冷却的话会更加黏稠。
　　如果不好使用，可以隔水加热一下，让甜酱油恢复温热液态。

制作方法

1

花猫团子

[做法]

1　将三颗煮好的团子串起。

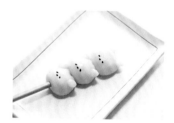

2　粘上三粒芝麻粒做五官。

3　用小刷子蘸取甜酱油，在耳
　朵上画出单耳或双耳花色。

2

花
狗
团
子

[**做法**]

1　取适当大小的生团，搓成
　一个扁圆形。

2　做两个水滴型耳朵，粘在
　扁圆形两侧。

3　请依60～61页做法煮好团
　子，并串起三颗。

4　粘上三粒芝麻粒做五官。

5　用小刷子蘸取甜酱油，在
　耳朵上画出双耳花色。

3

牛头梗团子

[做法]

1　取适当大小的生团，搓成芒果形状，有点上宽下窄。

2　做两个有点长的三角耳朵，粘在糯米团两侧。

3　取一点甜酱油，加入一些竹炭粉调匀。

4　请依 60 ~ 61 页做法煮好团子，并串起三颗，粘上芝麻。

5　用小刷子蘸取甜酱油，在一边的眼睛涂花纹。

4

红豆被被

猫咪团子

[**做法**]

1 取适当大小的生团，搓成
   三个小圆。

2 做两个三角形耳朵，粘上
   耳朵成为猫咪头。

3 请依60 ~ 61页做法煮好团
   子，将两个圆形和猫咪头
   串一起，横放在盘子上。

4 粘上三粒芝麻粒做五官，
   不易黏的话就蘸点水。

5 抹上红豆沙即完成，如果红豆沙太干抹不上去，调一些热水就能
   变软，较好使用。

第 2 章 ● 低糖、免模具就能完成 Kokoma 风格

5

猫
猫
红
豆
汤
团

[**做法**]

1　取适当大小的生团，搓成
　三个小圆。

2　把其中两个粘在一起，再
　加上第三个。

3　搓出六个三角形小耳朵，
　先取两个粘在其中一个小
　圆团子上。

4　完成三个猫猫团子，请依
　60 ~ 61页做法煮好团子。

5　准备一碗热红豆泥。

6　放上三个猫猫团子，粘上
　芝麻，做出五官的样子。

6

迷你猫掌甜汤

[**做法**]

1 取一小份生团，调入一点
   可可粉。

2 揉制成浅褐色生团，颜色
   浅浅即可，因为煮后颜色
   会变深。

3 取适当大小的生团置于小
   张烘焙纸上，搓成圆形并
   压平，呈扁圆形。

4 取一点浅褐色生团压成圆
   形，粘在白色生团上，即
   为掌心。

5 剩下的生团搓成更小的圆，
   压扁后压在掌心周围。

6 最后以牙签压出指间，就
   可以煮了，煮好后搭配甜
   汤和配料一起享用。

第 2 章 ● 低糖、免模具就能完成 Kokoma 风格

7

黄豆黑糖蜜
柴犬

[**做法**]

1　取适当大小的生团置于小
　张烘焙纸上。

2　搓成短条状。

3　用手指搓出头身的分界。

4　取一点生团，搓成小条状，
　粘上尾巴。

5　搓两个小条状，先粘上一
　只后脚。

第 2 章 ● 低糖、免模具就能完成 Kokoma 风格

6 另一个小条状要稍微压扁，粘上另一只后脚。

7 再搓两个小条状，粘上一只前脚。

8 粘另一只前脚时，让两只前脚向内摆。

9 搓一个小圆，做出狗狗嘴巴。

10 搓两个三角形的长耳朵并且粘上。

11　完成翻肚狗狗的团子。

12　请依60～61页做法煮好
　　团子，再粘上芝麻做鼻子
　　和眼睛。

13　用小刷子蘸取黑糖蜜，
　　刷团子四周和狗狗耳朵
　　做出毛色，可搭配黄豆
　　粉一起吃。

第 2 章 ● 低糖、免模具就能完成 Kokoma 风格

圆蓬外形

烧果子

制作基础

烧果子是利用炼乳的黏合力与香气，快速做出香甜外皮包覆着豆沙的小茶点，适合搭配热茶一起享用，烧果子会因为茶温而在口中化开。

一般来说，果子外皮越湿润，越有入口即化的口感，但湿软的外皮比较黏手，需要用快速巧劲来制作，所以一开始可以先用比较不黏手的配方来制作，熟练之后再慢慢减少低筋面粉的量。如果冷藏30min之后还是觉得黏手，下次可以再增加10g的面粉试试看喔。

制作过程中请随时覆盖保鲜膜，以免外皮太干而裂开。烘烤温度会决定成品颜色，若希望颜色金黄浓郁，可增加上火；相反的，若喜欢色泽淡雅，就降低上火。

[材料]　份量：约10个

蛋黄…1个

炼乳…60g

低筋面粉…85g

无铝泡打粉…3g

TIPS

买来当内馅的豆沙通常已经加了糖，所以设计的这个外皮配方不是很甜，外皮与内馅的比例从1：1到2：1都能制作，内馅越多、成品越饱满，但是甜度也越高，我使用2：1外皮包覆豆沙的比例，大家可以按照自己的喜好去调整。

使用上下火180°C的烤箱中层，烤制12 ~ 15 min，就会看见甜点出现美丽的茶色外皮。若烤箱温度太高，记得调低温度、避免过黑。烤好的烧果子直接吃会比较硬，请等到放凉之后包好，等待回软再食用；如果没包好的话，会慢慢地干掉，这样口感就不够好咯。

第2章　●　低糖、免模具就能完成Kokoma风格

烧果子外皮

[做法]

3　把步骤1的炼乳蛋黄液倒进粉里。

1　把蛋黄跟炼乳搅拌均匀，呈现颜色一致的样子。

2　将无铝泡打粉加入低筋面粉里，拌合均匀。

4　用刮刀搅拌均匀，用利刀持续按压。

5　拌到干湿料都黏合成团为止。

6　包好保鲜膜，放冰箱冷藏
　　30 min。

7　将"休息"好的面团分成
　　小份（大小可调整），一
　　个个搓圆。

8　包入准备好的豆沙，每个
　　10g（豆沙调味请参照84
　　页）。

9　像包包子那样收口，然后密合起来。

10　最后翻回正面，放入预热
　　 至180℃的烤箱中烤12 ~
　　 15 min后取出。

内馅

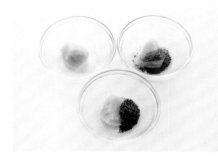

这里使用的是市售白豆沙，当然也可自己制作喔，白豆沙可以调入喜欢的风味。这次选了原味、抹茶、芝麻三种口味来搭配烧果子外皮。调味豆沙馅时，请一次加一点，边加边试味道，因为加的越多、味道也越明显，所以不要一下全加完。

[做法]

1　用叉子压松10g的原味豆沙馅后，取需要的份量搓圆。如果觉得豆沙太干，加入少许热水就可以调整。

2　如果是苦味材料，例如抹茶粉，就需再加一些细糖调整，避免过苦。

3　除了原味豆沙，分别再加入抹茶粉、芝麻粉，都用叉子压松后，再取所需取份量搓圆。

4　搓圆备用的豆沙请用保鲜膜包好，以保持湿润，要是干掉的话，就容易硬化碎裂，而不好包入外皮里。

制作方法

1

小耳猫

[**做法**]

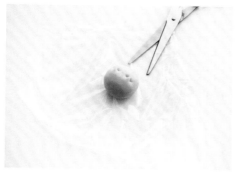

1 请参照82 ~ 83页做出基础圆形并包入馅，
   在两侧剪出小三角形。

2 制作过程都需用保鲜膜覆盖住，避免外皮
   干掉。

3 烤好后取出，以牙签蘸取巧克力，画出猫
   咪表情。

第 2 章 ● 低糖、免模具就能完成 Kokoma风格

2

圆
圆
法
斗

[做法]

1　请参照82～83页做出基础圆形并包入馅，
　　用工具压出一条凹槽。

2　烘烤完成后，以牙签蘸取巧克力，画出狗
　　狗表情。

3

三小福

[**做法**]

1　请参照82 ~ 83页做出基础
　　圆形并包入馅。

2　轻轻地搓长，变成长椭圆
　　形。

3　用手指压出头跟身体的分
　　界，头的那端多留一些。

4　在头部两侧剪出小耳朵。

5　烘烤完成后，以牙签蘸取巧克力，画出狗狗表情。

第 2 章 ● 低糖、免模具就能完成 Kokoma 风格

4

栗
子
与
狗

[**做法**]

1　请参照82～83页做出基础圆形并包入馅，三边压一下桌面。

2　成为圆润的三角饭团形状。

3　准备一个蛋黄，加一大匙水调匀，刷蛋黄水于面团上。

4　让三角形底部均匀沾上白芝麻粒。

5　再做一个基础圆形。

6　搓出两个水滴状耳朵，先粘一边。

7　粘上另一只耳朵，做出垂耳的感觉。

8　栗子形和狗狗的烧果子烘烤完成后取出，以牙签蘸取巧克力，画出狗狗表情。

5

趴
趴
猫

[做法]

1　请参照82～83页做出基础圆形并包入馅。

2　轻轻地搓长，变成长椭圆形。

3　在头部两侧剪出小耳朵。

4　搓出两个水滴状，做一只前脚粘在身体下。

5　另一只前脚也粘上。

6　搓一个小长条，捏成腰果形，当成尾巴粘上。

7　烘烤完成后，以牙签蘸取巧克力，画出猫咪表情。

6

圆尾巴科基

[做法]

1　请参照82～83页做出基础
圆形并包入馅，搓成长椭
圆形。

2　把一端搓得尖尖的，当作
狗狗嘴巴。

3　在头上两侧剪出耳朵，两
耳稍近一点。

4　剪出四只小小的脚。

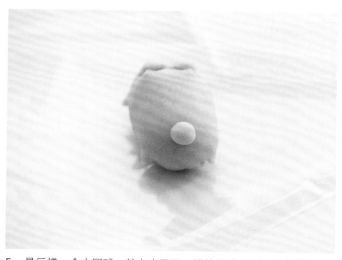

5　最后搓一个小圆球，粘上当尾巴。烘烤完成后，以牙签蘸取巧
克力，画出狗狗表情。

7

招财猫

[做法]

1 请参照82～83页做出基础
   圆形并包入馅。

2 轻轻搓长，做成类似不倒翁
   的形状。

3 用手指压出头与身体的分
   界，有微微的腰身。

4 用手指捏出两个耳朵。

5 取一点面团，做成猫猫的
   爪子并粘上。

6 烘烤完成后，以牙签蘸取
   巧克力，画出猫咪表情。

第2章 ● 低糖、免模具就能完成 Kokoma 风格

8

抱面包猫咪

[**做法**]

1　请参照82～83页做出基础
　　圆形并包入馅。

2　在桌面滚动面团，轻轻搓
　　成长椭圆形。

3　用牙签在面团上压出三条
　　线。

4　另取一点面团搓圆，剪出
　　两只前脚。

5　将大小面团轻轻粘在一起，
　　做成让前脚扶着面团的样
　　子。

6　在面团上剪出两个小耳朵。

7　烘烤完成后，以牙签蘸取
　　巧克力，画出猫咪表情。

软弹圆润
大福

制作基础

大福的材料很简单，而且用微波炉就可制作，过程快速方便。如果没有微波炉，也可用电锅来蒸粉浆，书中的份量大约需要蒸30 min，直到完全没有白色的生粉浆就可以取出。

如果是要给小孩吃，或分享一点给毛小孩，制作外皮时，可以不加糖，内馅也可以换成蒸熟的地瓜馅，就是无糖的糯米小点了。

纯糯米制品冷藏后容易变硬，建议当天吃完哦。

[**材料**]　份量：约10个

糯米粉…50g

开水…80g

细糖粉…50g

TIPS

蒸粉浆时，记得加盖，避免过多水汽滴入，而造成外皮湿黏，这样口感就不好了。如果制作过程中感觉黏手，就蘸取一些片栗粉，或是蘸取一些植物油在手上。除了食谱里的食材，也可以包入其他的水果丁，例如芒果、香蕉、蜜柑等，选用比较不易出水的都很适合。

第 2 章 ● 低糖、免模具就能完成 Kokoma 风格

外皮+填馅

[做法]

1　糯米粉中分次加水，拌匀。

2　仔细搅拌，以避免结块，直
　　到成为细腻的粉浆状。

3　加入细糖粉，搅拌至细糖
　　粉完全溶解。

4　以中火微波30 s,取出搅拌。

5　再次微波30 s,取出搅拌。

6　一直重复以上步骤，直到白
　　色粉浆变透明。

7 倒在铺有片栗粉的容器中。

8 让表面均匀裹粉，以避免
沾黏。

9 剪成需要的小块，这里剪
成约十个。

10 将事先准备好的红豆沙揉
圆，放在延展开来的大福
外皮上。

11 包起后捏合收口，翻回正
面就完成了。

制作方法

1

垂耳狗 &
小白猫

[做法]

1 请参照104 ~ 105页，制作一个基础圆形的
豆沙大福。

2 以牙签蘸取巧克力，先画两个水滴状当
耳朵。

3 画出狗狗表情。

4 如果是剪两个小耳朵，可以画成猫咪。

2

小球猫

[做法]

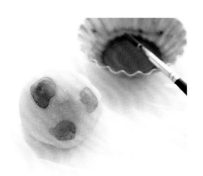

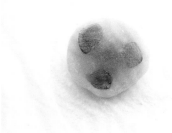

1 请参照104 ～ 105页，制作一个基础圆形的豆沙大福；用可可粉调水，用笔刷蘸取调好的可可粉画出三个斑点。

2 拍上片栗粉，收干水分。

3 以牙签蘸取巧克力，在斑点旁画出猫咪表情。

4 剪出两个小耳朵即完成。

3

饭团卷狗狗

[**做法**]

1 请参照104 ~ 105页，制作一个基础圆形的 豆沙大福。

2 轻轻滚成长椭圆形。

3 以牙签蘸取巧克力，画出耳朵与表情。

第2章 ● 低糖、免模具就能完成Kokoma风格

4

大
胖
狗

[做法]

1　取一个洗净擦干的草莓。

2　将适量红豆沙放在上面。

3　推开红豆沙，往下包覆住草莓，底部不包。

4　盖上延展开的外皮。

5　往下收口并捏紧。

6　在大福两侧剪出耳朵和前端小手。

7　以牙签蘸取巧克力，画出狗狗表情。

5

抱草莓白狗

[**做法**]

1 请参照104 ～ 105页，制作一个基础圆形的
豆沙大福，将2/3处剪开。

2 放入洗净擦干的草莓。

3 在上方剪出两个小耳朵，以巧克力点上猫
咪表情。

6

圣诞帽帽狗

[做法]

1　请参照104 ~ 105页，制作一个基础圆形的豆沙大福。

2　从上方剪开一小部份，但不剪断。

3　放上洗净擦干的草莓并固定。

4　用巧克力画上狗狗表情。

松软化口

夹心
小蛋糕

制作基础

这款夹心小蛋糕的做法类似牛粒，但更加简单，将低筋面粉改为片栗粉，减少因为搅拌出筋而让蛋白消泡的机会，使用低筋面粉制作也是可以的。

喜欢蛋香味的朋友，可以延长烤制的时间，颜色越呈金黄色，蛋香越明显，也越香脆干燥。出炉之后，请撒上防潮糖粉，避免表皮相互沾黏，也增添类似于下雪的感觉。

夹馅之后，需要封好放置隔夜，等待内馅浸润才会好吃，刚出炉以及刚夹馅时都吃不出温润的感觉。制作时，如果需要画上表情，先使用巧克力装饰，再于表面筛上防潮糖粉，轻轻刷出五官就可以了，先撒粉再画巧克力的话，有时会黏不牢。糖粉不需去除太干净，以免防沾效果不佳，书里是为了拍摄需求，所以刷得比较干净，平常可以多留一些些。

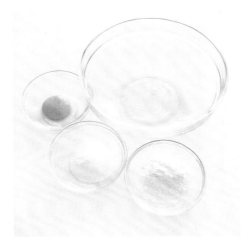

[材料]

冰蛋白…1个
细糖粉…20g
蛋黄…1个
片栗粉…30g

注：此食谱份量为半盘，请每次做能放入烤箱的量，这样就不会因等待烤焙而使蛋白消泡。

TIPS

蛋白越冰的话，越容易打挺不消泡；而拌入蛋黄的时候，请用最慢的转速，混合粉类要轻柔仔细，搅拌彻底才不会让小蛋糕裂开。这个配方的表面有一些气孔是正常的，但若洞洞过多过大的话，就可能是混合粉类时，搅拌不够均匀，或者过度搅拌而造成蛋白消泡了。

第 2 章 ● 低糖、免模具就能完成 Kokoma 风格

小蛋糕体

[做法]

1　先将冰蛋白打出大量泡泡。

2　加入一半的细糖粉,打到变膨且泛白。

3　加入剩下的糖粉,打到挺立,拉起时看到小尖角。

4　加入蛋黄,以低速拌匀成淡黄色霜状。

5　加入已过筛的片栗粉,用刮刀轻轻地拌匀。

6　直到粉类被完全吸收,表面呈现细腻光泽。

7 把裱花袋放入罐中，填入 蛋糕糊。

8 绑好袋口，剪开尖端。

9 在烘焙纸上挤出小圆，数 量依个人需求。

10 上下火160℃烘烤15min 左右,直到边缘微微金黄。

11 取出烤好的小蛋糕，筛上 防潮糖粉。

MEMO

可以自制简易版的防潮糖粉，用一般糖粉加等量的片栗粉混合均匀即可。由于片栗粉本身是熟粉，可直接食用，无须担心。

免模具，在纸上绘制图案就可以

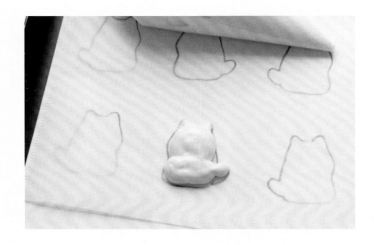

制作蛋糕体时，若想挤形状，却又担心每个大小不同的话，自己做个简单的图案纸就可以了。在挤面糊前，把做好的版型放在烘焙纸下方，方便移动位置使用。

1　找一个喜欢的形状，画出轮廓。

2　剪下来当成样板。

3　在纸上描出对称形状，方便两两夹馅。

画上表情

[做法]

1　用巧克力在刚出炉的小蛋
　糕上画表情。

2　筛上薄薄一层防潮糖粉。

3　刷去糖粉，露出五官。

鲜奶油内馅

[做法]

1　准备50g无糖鲜奶油。

2　加入10g细砂糖。

3　以低速打发。

4　打发动物性鲜奶油会比较慢。

5　持续打发到出现明显纹路。

6　拉起奶油霜时，有形状就可以了。

这个比例的鲜奶油甜度不高,如果喜欢甜一点,可以增加糖量;如果是选用加入可可、抹茶等苦味的调料,也可把糖量增加一点,以避免完全不甜,大家依自己的习惯再做实际调整。以打好的奶油霜为底,加入喜欢的口味拌匀就可以使用了。

A 草莓酱

B 柚子酱

C 可可粉

第2章 ● 低糖、免模具就能完成Kokoma风格

125

D 黑糖液

E 抹茶粉

F 芝麻粉

调色用红糖液

如果希望蛋糕体有别的颜色，例如想加入可可粉调制蛋糕体，蛋糕消泡会比较快，建议改用红糖调整蛋糕糊颜色，就基本没有问题了。用咖啡粉也可达到染色而不消泡的效果，将咖啡粉调些水，呈现酱油膏的程度就可以使用了。

[做法]

1　取适量红糖。

2　慢慢加入热水。

3　搅拌让红糖尽量溶解。

4　过筛红糖液，以去除颗粒。

5　红糖液需要浓稠一点，才会比较好调色。

第 2 章 ● 低糖、免模具就能完成 Kokoma 风格

制作方法

1

猫猫狗狗脸

[做法]

1　在烘焙纸上挤出两个圆形。

2　挤出一对小小耳朵。

3　小蛋糕烤好后，用牙签蘸取巧克力画上表情。

4　可以画猫猫或狗狗。

5　筛上防潮糖粉，然后轻轻刷掉。

6　夹入喜爱的内馅就完成了。

第 2 章 ● 低糖、免模具就能完成 Kokoma 风格

2

秋
田
犬

[做法]

1　挤出两个椭圆形，当作头。

2　加上拱形，当作身体。

3　挤出蓬蓬长尾巴。

4　挤出一对尖耳朵。

5　小蛋糕烤好后，准备好已融化的巧克力。

6　用牙签蘸取巧克力画上狗狗表情。

7　画出笑眯眯的样子。

8　筛上防潮糖粉，然后轻轻刷掉。

9　夹入喜爱的内馅就完成了。

第 2 章　● 低糖、免模具就能完成 Kokoma 风格

3

犬御守

[做法]

1 挤出一个有一定厚度、稍微蓬蓬的长椭圆形。

2 加上圆圆耳朵及尾巴。

3 再挤一个差不多形状的，当作背面。

4 取出烤好的小蛋糕，准备已融化的巧克力。

5 用牙签蘸取巧克力画上狗狗表情。

6 在小蛋糕下方，画出一对前脚。

7 筛上防潮糖粉，然后轻轻刷掉。

8 夹入喜爱的内馅。

9 盖上另一片小蛋糕就完成了。

第 2 章 ● 低糖、免模具就能完成 Kokoma 风格

133

4

花
猫
咪

[**做法**]

1　请参照123页，加入红糖液给蛋糕糊调色。

2　轻轻拌匀，避免蛋白消泡变水状。

3　在烘焙纸下方放版型，先挤原色蛋糕糊。

4　用红糖蛋糕糊在猫咪身上挤出色块。

5　小蛋糕烤好后，可看到所做出的色块。

6　用牙签蘸取巧克力画上猫咪表情。

7　筛上防潮糖粉，然后轻轻刷掉。

8　夹入喜爱的内馅就完成了。

5

哈
巴
狗

[做法]

1　在烘焙纸上挤出两个圆形。

2　加上两个小椭圆形做狗狗身体。

3　挤出三个小圆，当脚跟尾巴。

4　用红糖蛋糕糊挤出嘴巴及耳朵。

5　取出烤好的小蛋糕，准备已融化的巧克力。

6　用牙签蘸取巧克力画上狗狗表情。

7　筛上防潮糖粉，然后轻轻刷掉。

8　夹入喜爱的内馅就完成了。

6

科基屁屁

[做法]

1　在烘焙纸上挤出两个圆形。

2　加上两个小圆做脚掌。

3　用红糖蛋糕糊在圆形上方
　　画色块。

4　挤一个圆尾巴。

5　圆尾巴要有一点立体感。

6　取出烤好的小蛋糕，准备
　　已融化的巧克力。

7 用牙签蘸取巧克力，点出
   脚掌肉球。

8 再加上三个小点。

9 在屁屁中心画一个叉叉。

10 筛上防潮糖粉，然后轻轻
    刷掉。

11 夹入喜爱的内馅就完成了。

7

粉红肉球

[做法]

1　在烘焙纸上挤出两个圆形。　　2　加上小小圆形。　　3　挤出相连的小圆。

4　增加第三个。　　5　一共挤四个小圆。

6 取出烤好的小蛋糕，准备
   已融化的草莓巧克力。

7 用牙签蘸取草莓巧克力，
   点出脚掌肉球。

8 再加上四个小点。

9 筛上防潮糖粉，然后轻轻
   刷掉。

10 夹入喜爱的内馅就完成了。

第 2 章 ● 低糖、免模具就能完成 Kokoma 风格

小骨头

[做法]

1　在烘焙纸上挤一个圆形。

2　加上相邻的第二个圆。

3　挤出条状。

4　再挤出另一端的两个小圆。

5　取出烤好的小蛋糕，筛上
　防潮糖粉。

6　挤入不同口味的内馅就完
　成了。

第 2 章 ● 低糖、免模具就能完成 Kokoma 风格

简单免烤

生乳酪蛋糕

制作基础

用冷藏方式制作的乳酪蛋糕，有着浓郁又清爽的特质，真的非常美味，这个配方是低糖的，喜欢甜一些的朋友可以增加细糖粉的份量。

奶油乳酪味道迷人，但是开封之后不易保存，建议购买需要的用量就好，不要购买太多的份量，它是一种充满水分的乳酪，冷藏容易长出霉斑，冷冻后却又容易质地变粗，需另费力气才能恢复原状。

为增加甜点口感层次，特别放了碎饼干底，但不加也没有关系的，可选择性使用。饼干底部请先烤出美丽的金黄焦糖色，质地才会香酥又不易回软。

食谱的材料共340g，请以碗的份量来计算要制作几碗。

[材料]

奶油乳酪···200g

鲜奶油···60g

鲜奶···60g

细糖粉···20g

吉利丁···3 片

TIPS

搅打奶油乳酪时，需确定回温至室温，因为温度低不易打散；若不想慢慢等待回温，可以微波至温热，再进行搅打。这样的乳酪蛋糕也称为"免烤乳酪蛋糕"，是以吉利丁遇到低温会定型的特性来制作，所以需放冷藏直到整体温度降低，时间会因成品的大小而异，一般是30 ~ 60 min 会凝固。

未使用完的乳酪糊，若放在低温下会慢慢变稠而不好使用了，请以温水隔水保温，就可延长使用时间。放冷藏保存时，记得加盖或覆上保鲜膜，以免表面被冰箱冷空气抽干而转黄。

蛋糕体

[做法]

1　将吉利丁片泡冰水，备用。

2　准备小锅，倒入鲜奶、鲜奶油、细糖粉，以小火煮至60 ~ 70℃。

3　将泡软的吉利丁片挤掉水分，放入锅中搅散至融化。

4　成为滑顺的牛奶液，备用。

5　将奶油乳酪放室温下，回温至柔软。

6　用搅拌机打散后，分次加入牛奶液。

7 每次都要彻底打散，才能
倒下一次。

8 时常以刮刀整理碗边溅起
的液体。

9 继续加入牛奶液。

10 以低速彻底打匀。

11 直到成为滑顺的液态。

12 过筛，使质地更细致。

第 2 章 ● 低糖、免模具就能完成 Kokoma 风格

13 用刮刀整理一下不滑顺的
部分。

14 成为乳酪蛋糕糊。

15 准备温水锅，隔水保温，
备用。

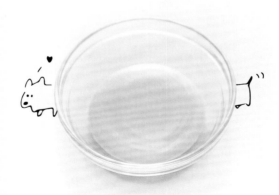

碎饼干底

[材料]　份量 : 约250g

无盐奶油…40g
细糖粉…20g
室温鸡蛋…1个
低筋面粉…100g
融化的无盐奶油…50g

注 : 如果饼干碎没有用完,
可冷冻存放1个月, 使用前
先回温。

[做法]

1　将室温下回软的奶油与细
　　糖粉放一起。

2　以低速打发至混合, 直到颜
　　色转浅。

3　加入1个鸡蛋, 打发混合。

4　直到整体均匀后，加入低筋
　面粉。

5　搅拌机不开电，拌到干粉
　黏住浆体。

6　以低速拌匀。

7　以刮刀整理一下，成团后，
　应该柔软不沾黏。

8　放在铺有烘焙纸的烤盘上。

9　以刮刀铺平面团。

10　放入烤箱，上下火170℃，
　　烤到金黄香脆。

11　趁饼干温热时，掰成小片，
　　并用杯底将饼干压碎。

12　成为饼干碎屑，大小粗细
　　可自己决定。

13　准备饼干碎重量1/3的融
　　化的无盐奶油（例如，饼
　　干碎30g，奶油为10g）。

14　倒入饼干碎中混合。

15　仔细拌匀后就可以使用了。

第2章　●　低糖、免模具就能完成Kokoma风格

乳酪糊调色

如果希望乳酪蛋糕有变化，可以加入不同的天然食材帮乳酪糊调色，例如，芝麻粉、抹茶粉、可可粉、竹炭粉等，当然，还有更多天然色粉可以选择使用，试试看寻找自己喜欢的颜色。调色后的乳酪糊，使用前先填入裱花袋中，依需求调整剪袋口大小，可以拿来画出各种表情，让成品更加生动可爱。

A 芝麻粉→灰色

B 抹茶粉→绿色

C 少量可可粉→浅褐色

D 较多可可粉→咖啡色

E 竹炭粉→黑色

制作方法

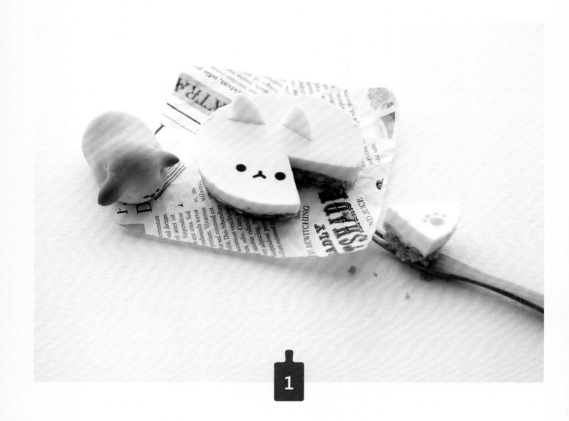

1

小白猫

[做法]

1　请依151 ~ 153页，制作碎饼干底放在碗中。

3　放冰箱冷冻5 min，让饼干底定型。

2　用汤匙背面把它压紧实，成为平整的底部。

4　倒入原味乳酪糊，以牙签去除气泡。

5　准备黑色乳酪糊，用牙签画猫咪嘴巴。

6　再点上两个圆眼睛。

第 2 章 ● 低糖、免模具就能完成 Kokoma 风格

7 准备可可乳酪糊，画出小
肉球。

8 完成后，放冰箱冷藏至凝
固。

9 准备融化的白巧克力，取两
小份在烘焙纸上。

10 趁未凝固前，用牙签整理
出水滴耳朵，放冰箱冷藏
至凝固。

11 已完全凝固的乳酪蛋糕跟
白巧克力片。

12 最后装上耳朵就完成了。

2

抹茶狗狗

[做法]

1　请依151 ～ 153页，制作碎饼干底放在碗中。

2　用汤匙背面把它压紧实，成为平整的底部。

3　放冰箱冷冻5 min，让饼干底定型。

4　倒入抹茶乳酪糊。

5　以牙签去除气泡。

6　在抹茶乳酪糊上挤一些原色乳酪糊。

7　让它尽量是圆形的，画出小白狗的头。

8　用牙签调整乳酪糊，画出两个耳朵。

9   准备黑色乳酪糊，画出小
     白狗嘴巴。

10   点上爱睡觉的小眼睛。

11   最后画上嘴巴，放冰箱冷
      藏至凝固。

第2章 ● 低糖、免模具就能完成Kokoma风格

3

大
头
狗
狗

[**做法**]

1　请依151～153页，制作碎饼干底放在碗中。

2　用汤匙背面把它压紧实。

3　成为平整的底部。

4　放冰箱冷冻5 min，让饼干底定型。

5　倒入可可乳酪糊。

6　挤一些原色乳酪糊，用牙签调整成有点腰身的形状。

7 准备浅褐色乳酪糊，用牙
签画出区块。

8 围起所需要的面积。

9 挤一点浅褐色乳酪糊，填
满整个区块。

10 制作另一边的色块，不用
平均。

11 画出两侧耳朵。

12 最后以原色、黑色乳酪糊
画出眼睛和鼻子，放冰箱
冷藏至凝固。

4

哈士奇狗狗

[做法]（狗狗脸）

1　请依151～153页，制作碎
　饼干底放在碗中，用汤匙背
　面压紧实。

2　底部压平整后，放冰箱冷
　冻5 min，让饼干底定型。

3　倒入原色乳酪糊，以牙签去
　除气泡。

4 挤一条芝麻乳酪糊，画出一
座小山，再填满区块。

5 挤一点原色乳酪糊画出尖耳
朵，用牙签蘸取黑色乳酪糊
画鼻子。

6 画上两个圆圆眼睛，和小
嘴巴。

第2章 ● 低糖、免模具就能完成Kokoma风格

7 放冰箱冷藏10 min至凝固
   后取出。

8 挤一点原色乳酪糊，做出
   一个小圆形。

9 用牙签蘸取黑色乳酪糊画
   出肉球，放冰箱冷藏至凝
   固即完成。

[做法]（狗狗屁屁）

1　请依151 ~ 153页，制作
　碎饼干底放在碗中。

2　用汤匙背面压紧实。

3　放冰箱冷冻5 min，让饼干
　底定型。

4　倒入原色乳酪糊。

5　以牙签去除气泡。

6　挤一条芝麻乳酪糊做分区。

7　再挤一点芝麻乳酪糊画尾
　巴，然后放冰箱冷藏5 ~
　10 min，让表面凝固后取出。

8　挤一点原色乳酪糊，做出
　两个小圆形当脚掌。

9　用牙签蘸取黑色乳酪糊画
　出肉球，放冰箱冷藏至凝
　固即完成。

第 2 章 ● 低糖、免模具就能完成 Kokoma 风格

169

柔软多变化

小面包

制作基础

用手提机器来搅打会让面包制作过程轻松许多，但建议每次只制作这样的小份量，避免机器负担过大。搅打面团的搅拌头是"螺旋勾勾"的款式，并非一般打奶油的那种。

使用的烤温是上下火190°C，一份材料分成8个，烤15 ~ 18 min后可出炉，但实际上要看面包的大小和各家烤箱的状况。

不同牌子的面粉吸水率可能会不同，材料中的液体份量有时需要微调，如果面团太干而无法成团，可以酌量的再加入一点液体；相反的，如果担心面团太湿，可以先预留一小部分液体，看情况再决定是否慢慢加入。

[**材料**] 份量：约8个

高筋面粉…100g

速发酵母粉…1/4茶匙

细糖粉…1茶匙

食盐…1/4茶匙

鲜奶…70g

室温奶油…10g

TIPS

家庭烘焙面包常常遇到的问题是：过度发酵而让面包皱巴巴的。这是因为我们偶尔制作面包，在整型的手法上可能比较慢，加上有时候制作一些小耳朵、小爪子，会让整个过程变得更久，而面团又一直持续地发酵着的缘故。

所以，建议大家第一次面团发酵时可以发得足，但二次发酵未必要等待20 ~ 30 min，只要面团已经比刚休息排气完的体积大1.5倍就可以烤了，而烤箱也要提前完全预热。

为小面包做造型的时候，会用到一些装饰部分，所以切分时可以预留一小块来做耳朵或其他部分。

第 2 章 ● 低糖、免模具就能完成 Kokoma 风格

小面包

[做法]

1　在面粉中挖小洞放酵母、盐、细糖粉，避免酵母直接碰到盐。

2　把所有粉类搅拌均匀。

3　倒入鲜奶。

4　搅拌机不开电，先大致拌匀。

5　用低速开始搅打。

6　会开始产生筋性。

7　加入奶油。

8　继续低速搅打。

9　直到表面变平滑。

10　取一小块慢慢拉开。

11　如果呈现薄膜状就可以了。

第 2 章 ● 低糖、免模具就能完成 Kokoma 风格

12 把面团做成圆形，让收口朝下。

13 覆盖保鲜膜，进行第一次发酵。

14 发酵30 ~ 40 min后，面团会变成2倍体积。

15 以手指沾粉，戳到底若不回缩就可以。

16 取出面团，轻轻压扁后切分成8个。

17 轻轻把每一份都揉圆。

18　包圆时，一样收口朝下。

19　盖上保鲜膜，让面团"休
　　息"15 min。

20　仔细按压面团，排除空气。

21　再次包圆（如果要造型的
　　话，请在这里先做）。

22　第二次发酵，面团体积只
　　要到1.5倍大就可以烤了。

制作方法

1

紫薯狗餐包

[做法]

1　请依照172 ~ 174页完成
　　步骤1 ~ 16，取一份面团擀
　　开，放上紫薯馅。

2　像包小笼包那样，捏好收
　　口。

3　把面团收口朝下放。

4　用面团做两个长长小耳朵，
　　黏上后进行二次发酵。

5　烤温上下火190℃，烤10 ~
　　15 min 后取出。

6　准备融化好的巧克力，用
　　牙签蘸取画上狗狗表情。

MEMO

紫薯馅做法：
蒸熟紫薯后，以叉子压成泥即可使用。如需更加细致，可以使用
食物调理机来处理。另外可调入少许鲜奶拌匀，增加温润口感。

第 2 章　● 低糖、免模具就能完成 Kokoma 风格

2

猫
汉
堡

[做法]

1 请依172 ～ 174页完成
步骤1 ～ 16,将面团整圆。

2 再整一个比较小的面团,
叠上。

3 搓两个小耳朵并粘上,进
行二次发酵。

4 烤温上下火190℃,烤15 ～
18 min 后取出。

5 准备融化好的巧克力,用
牙签蘸取画上猫咪表情和
花纹。

6 横向剖开面包但不切断,
上下都可以夹食材。

3

比
萨
狗

[**做法**]

1 请依172 ~ 174页完成步骤1 ~ 16，压开面团成椭圆形，底部有点胖胖的。

2 搓两个小耳朵并粘上。

3 用模具或小杯子把中间压一个凹槽。

4 用汤匙抹上一点番茄酱。

5 摆放上不会出水的食材，进行二次发酵。

6 当体积变成1.5倍大时，放上比萨丝送入烤箱。

7 烤15 ~ 18 min后，取出比萨面包。

8 准备融化好的巧克力，用牙签蘸取画上狗狗表情就开动喽。

第2章 ● 低糖、免模具就能完成Kokoma风格

4

手拉手面包

[**做法**]

1 请依 172 ~ 174 页完成步骤 1 ~ 16，将面团擀开成圆形。

2 另外再整一个小圆面团放在边缘。

3 用面团剪两个小三角形，当作耳朵粘上。

4 再放一个小圆面团。

5 一样剪两个小三角形，粘上耳朵。

6 搓三个小圆面团，当作小手粘上，做二次发酵。

7 烤温上下火 190℃，烤 15 ~ 18 min 后取出。

8 准备融化好的巧克力，用牙签蘸取画上表情。

9 放上喜欢的水果丁、薄荷叶，淋上炼乳就开动啰。

5

法
国
面
包
猫

[做法]

1 请依172 ~ 174页完成步
骤1 ~ 16，将面团擀开成
圆形。

2 轻轻卷起面团，不要太紧。

3 捏合整条面团并收口。

4 翻回到正面来。

5 用面团剪两个小三角形，
当作耳朵。

6 烤温上下火190℃，烤15 ~
18 min后取出，横向剖开。

7 准备融化好的巧克力，用
牙签蘸取画上表情。

6

麦穗面包

[做法]

1　请依172 ~ 174页完成步骤1 ~ 16，将面团擀开成圆形。

2　轻轻卷起面团，不要太紧。

3　捏合整条面团并收口。

4　翻回到正面来。

5　用剪刀在面团上剪出交错的开口。

6　剪好的正面样子。

7　烤温上下火190℃，烤15 ~ 18 min后取出。

8　准备融化好的巧克力，用牙签蘸取画上表情。

第2章　● 低糖、免模具就能完成 Kokoma 风格

SPECIAL PROJECT

与毛小孩 & 小小孩的
点心时光

给毛小孩与小小孩的无糖无面粉蛋糕

很喜欢生活中的小小孩与毛小孩，也希望将开心的节庆蛋糕一起分享，但是对于糖、麸质、鲜奶、奶油、鲜奶油等的食用限制，一般蛋糕只能我们独享，总觉得有些可惜呐。这个想法最后变成简单低敏的食谱，使用粳米、根茎类来代替面粉，也许没有精致的口感与外形，但毛小孩吃得非常安心。

米蛋糕的蓬蓬感绝对不输一般面粉做的蛋糕，如果是喜欢口感类似蒸蛋糕的感觉，使用南瓜、地瓜都具有很棒的保湿特性。因为不加糖，所以打发蛋白时，要注意避免打过头变分离状，也因为没有糖的压制，蛋白一下子就会膨发，尽可能使用冰蛋白，以减少蛋白消泡的小状况。当然，搅拌材料的时候，轻轻地搅拌也是重点之一，别太担心，放手试试看吧！

与毛小孩 & 小小孩的点心时光

Q 该使用什么样的模具呢

食谱中的小蛋糕都是用1个鸡蛋的量，因为小小孩或是毛小孩都不适合一次吃太多，所以不一定需要蛋糕模具。只要是耐热、可以烤焙的器具都能代替的，这是温暖心意的妈妈蛋糕，不局限于容器，都会被吃光光的。

Q 烤焙温度和一般蛋糕有不同吗

我用的烤温是上火180℃、下火150℃，烤15 ~ 20min。取出前，先用竹签刺到底，如果粘黏面糊，那就继续烤，等到完全不沾黏就可以出炉了。需将烤好的蛋糕倒置，放到完全凉后再脱模，或是直接挖着吃也可以的。成功的脱模需要一点时间练习，如果担心会失败，可以剪一张烘焙纸垫在容器底部，放凉之后，用尖刀在容器周围刮一圈，这样倒过来的话，就容易掉出来了。

简单更换食材！与毛小孩、小小孩共享的概念

"越简单越好"是中心基础，所有食材的替换都围绕着这一点。

因为这些是正常饮食之外的点心，如果糖只是调味，可以直接不加糖；但如果糖是必需的架构，例如，作为结合材料的黏性用途，就不能去掉，不过，可以替换为蜂蜜、椰糖、甜菜糖，用无负担的方式制作。

如果对乳制品过敏，可以更换成同性质的替代物，一般来说，牛奶可更换成豆浆，以保有原食谱的液体需求，或像是市售含糖的豆沙内馅，可以换成蒸好的地瓜，一样有香甜的好味道。

以下整理了书中各类别点心的毛小孩版本跟大家分享，这也是我做给家里小狗猫吃的，比起购买含有添加剂的零食小点，动手做更加安心。猫猫一般比较挑食，但我很幸运没有这个问题（偷笑）~

与毛小孩 & 小小孩的点心时光

小小提醒

所有点心都是点到为止，再天然的东西过量都是不好的，如果真的吃得比较多，当天的正餐可能要稍微减量。比起毛小孩的饮食，对自己就没有这么严格了，"给狗狗吃的"变得完全不同，常常我做完它们的食物，都觉得下辈子应该要换它们养我（大笑）~

来看看更换的方式吧！

食材代换

大福
外皮不加糖，内馅换成蒸地瓜，草莓可以使用。

夹心小蛋糕
小蛋糕不加糖打发，内馅换成地瓜。

烧果子
炼乳换成蜂蜜，不加泡打粉，内馅换成地瓜。

生乳酪蛋糕
全部鲜奶油用牛奶取代，不加糖，其他正常使用；碎饼干底不加糖，其他正常使用（对牛奶过敏的毛小孩不适用）。

小面包
对于牛奶过敏的毛小孩，需换成豆浆，其余可正常使用。

煮团
正常制作，蘸蜂蜜食用，但请务必做成小块，避免噎到。

奶酪
全部鲜奶油用牛奶取代，不加糖，吉利丁照常使用，或将牛奶、鲜奶油全数替换成无糖豆浆，不加糖，吉利丁照常使用（对牛奶过敏的毛小孩不适用）。

结论是，以上点心不加糖都是能够做成的，只是我们尝起来没有味道，部分成品因为失去糖分而降低光泽度、不光滑或容易有裂纹，还好小狗小猫、小小孩不太计较外观，主要还是吃得安心为重点。

与毛小孩 & 小小孩的点心时光

制作方法

芝麻纯米蛋糕

[材料]　份量：约1个

蛋黄…1个
蜂蜜…1小匙
粳米粉…18g
芝麻粉…5g
水…10g
葵花油…10g
冰蛋白…1个

[做法]

3　拉起搅拌机时，出现尖角
　　就停止，避免分离。

1　把冰蛋白放在干净大碗里，
　　以中速打发起泡。

2　继续打发，直到质地绵密。

与毛小孩 & 小小孩的点心时光

5　依序加入水和葵花子油。

6　打至整体都起泡。

4　用搅拌机直接打蛋黄和蜂蜜，直到两者颜色均匀。

8　成为均匀的面糊。

7　加入过筛好的粉类，低速拌入。

9　加入一半打好的蛋白霜，轻轻切拌。

10　直到蛋白完全收入面糊。

12　直到全部均匀为止。

11　将面糊倒回装蛋白的大碗，
　　继续轻轻切拌蛋白。

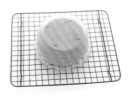

13　倒入耐热容器，敲一下底
　　部。烤温是上火180℃、
　　下 火150 ℃， 烤15 ～
　　20min取出。

14　烤好的正面是这样子的，
　　倒扣放到凉透。

15　用手慢慢从边缘剥开脱模，
　　直到整个取下，就能加上
　　食材做小装饰了。

与毛小孩 & 小小孩的点心时光

2

微甜地瓜蛋糕

[**材料**] 份量：约1个

蛋黄…1个
蒸熟地瓜压泥…50g
葵花子油…10g
冰蛋白…1个

[**做法**]

3 拉起搅拌机时，出现尖角
   就停止，避免分离。

1 把冰蛋白放在干净大碗里，
   以中速打发起泡。

2 继续打发，直到质地绵密。

4　将蛋黄与地瓜泥放在一起。

5　低速打发至颜色变得浅黄。

6　加入一半打好的蛋白霜。

8　轻轻切拌，搅拌直到蛋白
　完全收入面糊。

9　将面糊倒入4寸小模具中。

7　轻轻切拌蛋白霜，拌入蛋黄
　里，再倒回装蛋白的大碗。

10　扣住中柱，轻敲一下。

11　让面糊流平后就可以烘烤。

12　取出烤好的蛋糕，倒扣放到凉透。

13　用尖刀将蛋糕周围划一圈，中心也划一圈。

14　取出中柱，底部也划圈，分离模具。

15　已脱模的蛋糕，可另加食材做小装饰。

与毛小孩 & 小小孩的点心时光

3

南瓜燕麦蛋糕

[**材料**] 份量：约1个

蛋黄…1个

南瓜泥…50g

即食燕麦片…5g

葵花油…10g

冰蛋白…1个

[**做法**]

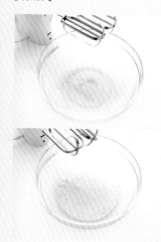

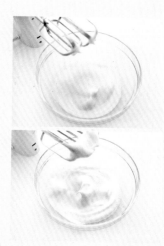

3　拉起搅拌机时，出现尖角
　　就停止，避免分离。

1　把冰蛋白放在干净大碗里，
　　以中速打发起泡。

2　继续打发，直到质地绵密。

4　将蛋黄与南瓜泥放在一起。

5　仔细地低速打发。

6　直到整体颜色变浅。

7　加入燕麦片，稍微拌匀。

8　取一半打好的蛋白霜来切拌，直到蛋白霜完全收入面糊为止。

9　将面糊倒回装蛋白的大碗，切拌混合。

10 直到整体均匀。

11 倒入耐热容器。

12 敲一下底部，使面糊流平。

14 凉透之后，以尖刀划开蛋糕边缘。

15 柔软膨润的蛋糕体完成了，涂上一点酸奶假装鲜奶油，就可以热闹开心的准备庆生喽。

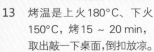

13 烤温是上火180°C、下火150°C，烤15 ~ 20 min，取出敲一下桌面,倒扣放凉。

MEMO

如果刚开始不太会脱模，可以剪一张烘焙纸垫在杯底，会比较容易脱出哦。

Kokoma 的工作小花絮

平时喜欢搜集各式布织品和小器皿

工作室一角

小冰箱也躲在这里

最常发呆的一个位置

好喜欢出炉的香味

对变成小狗小猫的甜食爱不释手！

汪汪！小狗来吃豆沙了～

太喜欢松软的夹心小蛋糕了！

米制蛋糕有着分享的温暖心意

Kokoma 的工作小花絮

每天都像开心的纪念日一样!

咬下香甜的草莓大福!

结束语

谢谢大家看完这一本书，也谢谢大家为生活中猫猫狗狗所做的一切，身为犬猫义工，深深觉得这个世界上美善的人太多了，不管是爱护自己家里的小同伴，或是为需要的动物伸出援手，地球一直运转如同这些热切的心脏，我每次都觉得自己要更加努力才行。

我的烘焙起因除了兴趣，最大动力就是身边的猫猫狗狗，想做一份亲手做的食物作为感谢礼物，因为每天都是这么值得庆祝。

每一片饼干、每一个蛋糕，刚开始练习的时候不管多丑，都会从它们眼睛里的缤纷烟火收到最热烈的回应，我知道这份心意真的被收到了。因为这些鼓励，一路走了这么远，却从来不累，每次站在厨房，身边都像是带了一群啦啦队。时光转移，身边的小伴侣终老或成功送养，再接回新的需要家的孩子，狗狗猫猫不同，热切的眼睛却是一样的，期待自己可以一直一直让它们的眼睛亮晶晶的，那也是我最满足的时刻。

这本书的全数收益将会捐给需要帮助的狗狗猫猫，让更多爱的种子有机会发芽，谢谢你参与了我一直梦想做的事，真的非常非常感谢。

这本书献给在天上的爷爷

中文简体字版© 2019年，由中国纺织出版社有限公司出版。

本书由远足文化事业股份有限公司（幸福文化）正式授权，经由CA-LINK International LLC代理，中国纺织出版社有限公司出版中文简体字版本。非经书面同意，不得以任何形式任意重制、转载。

著作权合同登记号：图字：01-2019-5359

原书名：Kokoma 汪喵星人疗愈系甜点

原作者名：Kokoma

图书在版编目（CIP）数据

我的甜点会卖萌 / 吴亭臻著. --北京 ： 中国纺织出版社有限公司，2020.1

ISBN 978-7-5180-6727-5

Ⅰ . ①我… Ⅱ . ①吴… Ⅲ . ①甜食—制作 Ⅳ. ①TS972.134

中国版本图书馆CIP数据核字（2019）第219053号

责任编辑：闫　婷　　责任校对：江思飞
责任设计：品欣排版　　责任印制：王艳丽

中国纺织出版社有限公司出版发行

地址：北京市朝阳区百子湾东里A407号楼　邮政编码：100124

销售电话：010—67004422　传真：010—87155801

http: // www.c-textilep.com

中国纺织出版社天猫旗舰店

官方微博 http: // weibo.com/2119887771

北京华联印刷有限公司印刷　各地新华书店经销

2020年1月第1版第1次印刷

开本：710×1000　1/16　印张：14

字数：74千字　定价：68.00元

凡购本书，如有缺页、倒页、脱页，由本社图书营销中心调换